AF349663

CATALOGUE
DES LIVRES
D'HISTOIRE NATURELLE

Composant la Bibliothèque de feu M. R.-P. LESSON

PHARMACIEN EN CHEF DE LA MARINE, NATURALISTE ET VOYAGEUR, CORRESPONDANT
DE L'INSTITUT, OFFICIER DE LA LÉGION-D'HONNEUR

DONT LA VENTE AURA LIEU

Les 27 et 28 Avril 1860

A SEPT HEURES PRÉCISES DU SOIR

RUE DES BONS-ENFANTS, 28

(MAISON SILVESTRE)

SALLE Nº 1, AU REZ-DE-CHAUSSÉE

Par le ministère de Mᵉ **BAUDRY**, Commissaire-Priseur,
rue Neuve-des-Petits-Champs, 50;
Assisté de **M. CHARAVAY**.

PARIS

CHARAVAY, LIBRAIRE

Expert en Librairie ancienne

RUE DES SAINTS-PÈRES, 18 (CI-DEVANT RUE DE SEINE, 53)

1860

ORDRE DES VACATIONS.

Le Vendredi 27 Avril 1860.

De 1 à 157.

Le Samedi 28 Avril 1860.

De 158 à la fin.

Plus une dizaine de lots de Livres que le temps n'a pas permis de cataloguer, et qui seront exposés.

AVIS.

Il y aura, chaque jour de vente, Exposition de une heure à trois.

Les Livres devront être collationnés sur place, dans les 24 heures de l'adjudication; passé ce délai ils ne seront repris pour aucune cause.

Les articles au-dessous de 12 fr. ne seront admis à rapport qu'autant qu'ils seraient incomplets.

Il sera perçu 5 centimes par franc, en sus des adjudications, applicables aux frais de vente.

M. CHARAVAY, chargé de la vente, remplira les commissions qu'on voudra bien lui confier.

CATALOGUE
DES LIVRES
D'HISTOIRE NATURELLE

SCIENCES NATURELLES.

GÉNÉRALITÉS.

1. Histoire des Sciences naturelles professée au Collége de France, par le baron Cuvier, 2ᵉ partie, comprenant les xviᵉ et xviiᵉ siècles. *Paris*, 1831. — Histoire des progrès des Sciences naturelles, depuis 1789 jusqu'à ce jour, par le même. *Paris*, 1826 ; 6 vol. in-8, d.-rel. v. n. rogné, le 1ᵉʳ rel. bas.

2. OEuvres complètes de Buffon, avec les descriptions anatomiques de Daubenton, nouv. édit. dirigée par Lamouroux. *Paris, Verdière et Ladrange*, 1824-30 ; 40 vol., fig. color. — Supplément à l'Histoire naturelle de Buffon, par Cuvier (Mamifères et Oiseaux). *Paris, Pillot*, 1831-32 ; 2 vol., fig. noires. — Histoire naturelle générale et particulière des Mamifères et des Oiseaux, par Lesson (suite de Buffon). *Paris, Pourrat et Roret*, 1834-36 ; 10 vol., fig. col, — OEuvres de Lacépède, nouv. édit. dirigée par Desmarets (autre suite de Buffon). *Paris, Ladrange et Verdière*, 1826-33 ; 11 vol., fig. color. En tout 63 vol. in-8, d.-rel. v., n. rogné. Reliure uniforme.

3. OEuvres complètes de Buffon, suivies de la classification de Cuvier, Lesson, etc., édit. revue par Richard. *Paris, Pourrat*, 1837, 6 vol. gr. in-8, dont un de planches color. — Complément de Buffon, par Lesson. *Paris, Pourrat*, 1838 ; 3 vol. gr. in-8, dont un de planches color. En tout, 9 vol. bas., fil., rel. uniforme.

4. Complément de Buffon, par Lesson. *Paris, Pourrat*, 1838 : 2 vol. gr. in-8, fig. color., rel. bas.

5. OEuvres complètes de Buffon, avec les suites par Lesson, illustrées de 500 sujets. *Paris*, 1845 ; 20 vol. in-12, br., fig. noires.

6. Dictionnaire des Sciences naturelles. *Paris, Levrault*, 1816-45 ; 61 vol. in-8 br., plus 13 vol. de fig. noires, d.-rel., v. à nerfs, n. rogné. *Une feuille lacérée par un clou, à la fin du t. 45.*

7. Dictionnaire des Merveilles de la nature, par Sigaud de Lafond. *Paris*, 1802 ; 3 vol. in-8, bas.

8. Tableaux de la nature, par A. de Humbold, trad. de l'allemand par Eyries. *Paris*, 1828 ; 2 vol. in-8, rel. bas., fil.

9. Code des créations universelles et de la vie des êtres, par J.-A Duran. *Bordeaux*, 1841 ; in-8, d.-rel. bas.

10. Mémoire instructif sur la manière de rassembler, de préparer, de conserver et d'envoyer les diverses curiosités d'histoire naturelle. *Lyon*, 1758 ; in-8, orné de 25 gr. pl., rel. v.

11. Leçons élémentaires d'Histoire naturelle, contenant un traité de Conchyliologie, par J.-C. Chenu. *Paris, Dubochet*, 1847 ; gr. in-8, fig. dans le texte et fig. color. à part.

12. Manuel d'Histoire naturelle, trad. de Blumenbach, par Artaud. 1803 ; 2 vol. in-8, rel. bas., fig. noires et color.

13. Enchiridion historiæ naturali inserviens, editore J.-R. Forster. *Halæ*, 1788 ; in-8., bas.

14. Histoire naturelle des principales productions de l'Europe méridionale. et particulièrement de celles des environs de Nice et des Alpes Maritimes, par A. Risso. *Paris*, 1826 ; 5 vol. in-8, br., cartes et fig.

15. Essai sur l'histoire naturelle de la mer Adriatique, trad. de l'italien de V. Donati. *La Haye*, 1758 ; in-4. d.-rel. bas., fig.

16. Prosperi Alpini, Marosticensis historiæ Ægypti naturalis; *Lugduni Batavorum*, 1735 ; 2 vol. in-4, fig. cart. n. rogn.

17. Histoire naturelle de l'Islande, du Groënland, etc , trad. de l'allemand d'Anderson. *Paris*, 1754 ; 2 vol. in-8, rel. bas., fig.

18. Beitrage zur naturgeschichte von Brasilien, von Maximilian Prinzen zu wied. *Weimar*. 1830 . 2 vol. in-8, br.

— 5 —

19. Hernandez (Fr.). Nova plantarum animalium et minera-
lium, Mexicanorum historia. Dans le même : Historia animalium, etc. *Rome*, 1651 ; 1 vol. in-fol., fig., rel. v.
Quelques piqûres à la fin du vol.

20. Joan. Bapt. Bohadsch. De quisdam animalibus Marinis.
Dresdæ, 1761 ; in.4, fig., br.

21. The cabinet cyclopedia, by Swainson : Discourse on the
study of natural history, 1 vol.; Classification of quadrupeds, 1835, 1 vol.; Geography and classification of animals, 1835, 1 vol.; Taxidermy and bibliography, 1840,
1 vol.; Animals in menageries, 1838, 1 vol.; Birds, 1836,
2 vol. En tout, 7 vol. in-12, fig. dans le texte, rel. percal.

22. Mélanges sur divers sujets d'Histoire naturelle, par divers auteurs. Recueil factice de vingt-sept pièces ; 1 vol.
in-8, rel. bas.

23. Mélanges d'histoire naturelle de Ch.-Lucien Bonaparte,
9 fascicules rel. en 1 vol. in-8, d.-mar.

24. Recueil (factice) de mémoires sur l'histoire naturelle, et
autres sujets. 2 vol. in-4, d.-rel. bas. ; le 2e est dérelié.
Parmi ces pièces, on remarque : Mémoire de Raspail sur le test des
graines ; Recherches sur le tissu adipeux et anatomie des nerfs, par le
même ; Essai sur l'organisation des plantes, par Dupetit-Thouars ; Rapport sur les collections d'objets relatifs à l'archéologie et aux religions de
l'Inde, recueillis par Lamare-Picquet ; Monographie de la couleuvre cou-
resse des Antilles, par Moreau de Jonnès ; Mémoires sur les poils, par
Giron ; Mémoire sur les rapports historiques et de parenté entre les animaux des âges historiques, par Geoffroy Saint-Hilaire, etc.

25. Observations géologiques sur les côtes de la Charente-Inférieure et de la Vendée, par Fleuriau de Bellevue ; in-4.
— Mémoire sur l'état physique du territoire de la Charente-Inférieure, par le même. — Essai sur quelques hy-
drophytes de la Charente-Inférieure, par Hubert 1845. —
Catalogue d'une faune de la Charente-Inférieure, par Lesson. 1841, fig. — Catalogue provisoire pour servir à la
flore de la Charente-Inférieure, par le même. *La Rochelle*,
1840. — Tableau synoptique des plantes de la famille des
graminées de la Charente-Inférieure, par Léon Faye. In-4
autographié, tiré à 50 exempl. Sept pièces in-8 et in-4
rel.

26. Système de classification du règne animal, par de Perron. 1840. — Principes fondamentaux de somiologie, par Rafinesque Schmaltz. 1814. —Notice sur les progrès de la zoologie pendant l'année 1832, par Pictet, etc. ; 7 pièces in-8, br. et cart.

27. Bulletin des annonces et des nouvelles scientifiques, sous la direction du baron de Férussac. *Paris*, 1823 ; 4 vol. in-8, bas. — Bulletin des sciences naturelles, par le même. *Paris*, 1824-31 ; 27 vol. in-8, rel. bas.

28. L'Écho du monde savant, année 1845 ; 2 vol in-4, d.-rel. bas. ; plus le 1er semestre de 1846, br.

29. Académie royale des sciences, belles-lettres et arts de Bordeaux. *Bordeaux*, 1829 à 1834 inclus. — Actes de la même académie, les années 1839, 40, 41 et 42; en tout 6 gros vol. in-8, br.

30 Mémoires de la Société royale des sciences de Liège. *Liège*. 1845 ; 2 parties in-8, br. formant le tom. 2.

31. Annals and magazine of natural history, including zoology, botany and geology. *London*, 1843 ; tom. 11 et 12, 2 vol. in-8, rel., fig.

32. Journal of the academy of natural sciences of Philadelphia. *Philadelphia*, 1817-29 ; 11 parties in-8, cart., n. rogn., fig.

33. Annals of the Lyceum of natural history of New-York. *New York*, 1824-28 ; 2 vol. in-8, fig. noires et color., cart.

GÉOLOGIE & FOSSILES.

34. Lettres sur les révolutions du globe, par Bertrand. *Paris*, 1826 ; in-8, rel. bas., fil , 1 pl. — Discours sur les révolutions du globe, par Cuvier. *Paris*, 1840 ; in-12, rel. bas., fil , fig.

35. Genera of recent and fossil shells, by G. Sowerby. *London*, 1830 ; 2 vol. in-8, d.-rel. v., à nerfs, ébarbés, fig. color.

36. Conchyliologie fossile des terrains tertiaires du Bassin de l'Adour (Landes), par Grateloup, tom. 1er, univalves. *Bordeaux*, 1840 ; in-4, fig., d.-rel. mar.

37. Mémoires géologiques sur les terrains formés sur l'eau
douce, par Férussac. 1814 ; in-4. — Mémoire sur les oursins fossiles, par Grateloup. 1836 ; fig. — Révision de
quelques espèces de pleurotomes. par Desmoulins. 1842.
— De Merycotherii Siberici, scripsit L. H. Boianus. 1823 ;
fig., 5 pièces in-8 et in-4, br. et cart.

38. Discours sur la géologie fossile. Tableau statistique des
coquilles univalves, fossiles. Notice sur la famille des bul-
léens. Mémoire sur les coquilles fossiles, description des
genres et des espèces de coquilles fossiles. — Catalogue
zoologique. Considérations sur la Géologie et la Zoologie
fossile de la commune de Léognan. Mémoire sur plusieurs
espèces de coquilles nouvelles ou peu connues, etc. 1839-
1840 ; 16 pièces réunies en 2 vol. in-8, fig., rel. bas.

39. Ordre naturel des oursins de mer et fossiles, par Th.
Klein. *Paris*, 1754 ; 1 vol. in-8, portr. et fig., rel. v.

BOTANIQUE.

40. Introduction à l'étude de la botanique, par Philibert.
Paris, 1802 ; 3 vol. in-8, fig. color. et noires, d.-rel. bas.

41. Caroli Linnæi, fauna Svecica. *Lugduni Batavorum*, 1746 ;
in-8, fig., d.-rel. bas. ; quelques taches. — Philosophia
botanica. *Berolini*, 1780 ; 1 vol. in-8, portr. et fig., bas.

42. — Species plantarum. *Vindobonæ*, 1764 ; 4 vol. in-8,
rel. v.

43. — Systema naturæ, cura J. Gmelin. *Lugduni*, 1789-96 ;
10 vol. in-8, rel. bas.

44. — Systema vegetabilium. *Gottingæ*, 1797 ; 1 gros vol.
in-8, rel. bas., fil.

45. Collectio epistolarum quas scripsit Carolus a Linné.
Hamburgi, 1792 ; in 8, cart.

46. Revue générale des écrits de Linné, trad. de Pulteney,
par Millin. *Londres et Paris*, 1779 ; 2 tom. en 1 vol. in-8,
rel. vél. vert.

47. De distributione geographica plantarum, auctore Alex.
de Humboldt. *Parisiis*, 1817 ; in-8, rel. bas., fig., 1 pl.
color.

48. Tableau du règne végétal, par Ventenat. *Paris*, an VII ;
3 tom. rel. en 2 vol. in-8., bas., rogn.

49. Leçons de Flore, cours complet de botanigue, suivi d'une Iconographie végétale, par Poiret. *Paris, Panckoucke,* 1819 ; in-8, 3 tom. rel. en 2 vol., bas., fig. color.

50. Histoire des plantes de l'Europe, par J.-L.-M. Poiret. *Paris, Ladrange et Verdière,* 1825 ; 8 vol. in-8, dont 1 de pl. color., rel. v. gauf., dos à nerfs, tr. dor. Superbe exemplaire.

51. Phytographie médicale, ornée de figures coloriées de grandeur naturelle, par Jos. Roques. *Paris, Didot,* 1821 ; 2 vol. in-4, rel. v., fil.

52. Phytologie pharmaceutique et médicale, par P.-J.-E. de Smyttère. *Paris, Levrault,* 1829; 1 vol. grand in-8, figures rel., bas., filets.

53. Physiologie végétale, par de Candolle, *Paris, Béchet,* 1832; 3 vol. in-8, rel., bas., fil.

54. Éléments de physiologie végétale et de botanique, par Brisseau-Mirbel. *Paris,* 1815; 3 vol. in-8, dont un de planches rel., bas., filets.

55. Nouveaux Éléments de botanique et de physiologie végétale, par Richard. 1833; 1 vol. grand in-8, figures rel. en étoffes.

56. Nouveau système de physiologie végétale et de botanique, par F.-V. Raspail. *Paris, Baillière,* 1837; 2 vol. in-8 br., avec atlas grand in-8, cartonnés.

57. Organographie végétale, par de Candolle. *Paris, Déterville,* 1827; 2 vol. in-8, rel. bas., filets, figures.

58. Organographie végétale, par P.-J.-F. Turpin. 1 vol. in-4, figures coloriées, d.-rel. maroq.

59. Recherches générales sur l'organographie, la physiologie et l'organogénie des végétaux, mémoire par Ch. Gaudichaud. *Paris,* 1841; 1 vol. in-4, figures coloriées, cart.

60. Caroli Clusii Exoticorum 1605. — Nicolai Monardi. Magna Medicinæ secreta et varia experimenta. — Petri Bellonii Cenomani plurimarum singularium et memorabilium rerum in Græcia, Asia, Ægypto, etc. Observationes Carolus Clusius 1605. Curæ posteriores, 1611; 1 vol. in-fol., figures, d.-bas.

61. Voyage autour du monde, exécuté sur la corvette la *Coquille*, par Duperrey *(Botanique)*. 7 livraisons contenant ensemble 52 planches noires, in-fol.

62. Enumeratio plantarum quas in insulis archipelagi collegit J. Dumont-d'Urville. *Paris*, 1822; in-8, d.-rel. bas. — Flore des îles Malouines, par le même. *Paris*, 1825; in-8, d.-rel. bas.

63. Histoire des végétaux recueillis dans les îles australes d'Afrique, par A.-A. Dupetit-Thouars. *Paris*, 1806; in-fol. rel. vél., figures coloriées. — Mélanges de botanique (13 essais), par le même. *Paris*, 1811; 1 vol. in-8, fig, rel. bas.

64. Voyage de l'*Astrolabe* (Botanique), par Richard et Lesson. *Paris*, 1832-34; 2 vol. grand in-8 cartonnés, avec 10 liv. de pl, la plupart col., grand in-fol., en feuilles.

65. Flore française, par de Lamark et de Candolle. *Paris*, 1815; 6 vol. in-8 en 7 parties, avec fig., br. et cart., n. rog.

66. Flore bordelaise et de la Gironde, par Laterrade. *Bordeaux*, 1846; in-12, br.

67. Flore rochefortine, par Lesson. *Rochefort*, 1835; in-8, rel. bas., fil.

67 bis. Supplément à la Flore Rochefortine, par Lesson, manuscrit inédit, in-4 de 25 p., dont 2 autographes de l'auteur, avec 8 jolies aquarelles de Gousset et une de Mlle Clémence Lesson, d.-rel. v. bleu.

68. Flore de la Côte-d'Or, par Laurey et Duret. *Dijon*, 1831; 2 vol. in-8, rel. bas., figures.

69. Flores diverses: Florulæ insularum australium prodromus, auctore Forster, 1786. — Observations sur quelques plantes des environs de Cherbourg, par Le Jolis. — Le Bouquet de Lot-et-Garonne, par Saint-Amans, 1821; figures. — Notes sur les plantes de la Vendée, par Léon Faye, 1844 (tiré à 30 exemplaires). — Voyage botanique le long des côtes de la Norwège, par Martins. — A Catalogue of the exotic plants cultivated in the Mauritius. *Mauritius*, 1816; in-4, etc. 10 pièces in-8 et in-4 rel. et br.

70. Monographie du genre rosier, trad. de Lindley par de Pronville. *Paris, Audot*, 1824; in-8, d.-rel. bas.

71. Histoire des conferves d'eau douce, par Vaucher. *Genève*, 1803; 1 vol. in-4, figures br.

72. Recherches chimiques et microscopiques sur les conferves, bisses, tremelles, etc., avec 36 planches enluminées par Girod-Chantrans. *Paris*, an x; 1 vol. in-4 br.

73. Histoire naturelle agricole et économique du maïs, par Math. Bonafous. *Paris*, 1836; 1 vol. grand in-fol., pap. vélin, figures coloriées, d.-rel. v. Ébarbé.

74. Recherches pour servir à l'histoire du Sagou, et examen de la substance dite Sagou de Cayenne, extraite du sagousier de Madagascar, par M. Planche. Joli manuscrit de 133 p. in-4, d.-v. bleu.

75. Monographie des Lasiopétalées, par Gay, 1821; in-4, figures. — Mémoire sur le Phornium tenax, par Faujas-Saint-Fond. In-4. — Prodrome de l'OEteogamie, des Mousses et des Lycopodes, par Palisot de Beauvois. Très-rogné. — Essai sur les hypoxylons lichenoides, par Chévalier. In-4, figures. — Solanorum generumque affinium synopsis, auctore Dunal 1816; in-8. — L'Arbre saint de l'île de Fer, par Roulin. — Observations sur les genres Cytinies et Nepenthes, par Brongniart, in-8, fig., etc. 12 pieces in-8 et in-4, br. et rel.

76. Esquisses historiques et biographiques des progrès de la botanique en Angleterre, trad. de l'anglais de Rich. Pultney. *Paris*, 1809; 2 in-8, rel. bas.

77. Musée botanique de M. B. Delessert, par A. Lassègue. *Paris, Fortin Masson*, 1844. — Notices sur le même Musée, par Alph. de Candolle. 1845; 2 br. in-8.

78. Recherches anatomiques et physiologiques sur la structure intime des animaux et des végétaux, par Dutrochet, avec 2 planches. *Paris*, 1824. — L'agent immédiat, ou mouvement vital chez les végétaux et chez les animaux, par le même. *Paris*, 1826. — Nouvelles recherches sur l'endosmose et l'exosmose, par le même. *Paris*, 1828. Le tout en 1 vol. in-8, d.-rel. bas., non rog.

79. Recueil factice de mémoires de M. Gaudichaud, lus à l'Académie des sciences, sur différentes questions de botanique. 1845-47; in-4 br.

80. Ecrits de M. Charles Desmoulins sur la botanique: Examen des causes qui paraissent influer sur la croissance de certains végétaux. 1846; trois mémoires. — Documents relatifs à la faculté germinative conservée par quelques grains antiques, 1846. — Considérations sur la flore murale. 1845. — Note sur le sisymbrum burtifolium. 1845, etc. 7 pièces in-8, br.

81. Dissertatio Botanica de Blœria (recueil de thèses en latin), auctore C.-P. Thunberg. *Upsaliæ*, 1802; in-4 cart., non rogné.

ZOOLOGIE.

82. Histoire des animaux, trad. d'Aristote, par Camus; texte grec en regard. *Paris*, 1783; 2 vol. in-4, rel. bas.

83. Regnum animale, aut. Brisson. *Lugd. Batav.*, 1762; in-8, d.-rel. v.

84. Io. Christ. Polyc. Erxleben systema regni animalis. *Lipsiæ*, 1777; 1 vol. in-8, rel. v.

85. Le Règne animal distribué d'après son organisation, par Cuvier. *Paris, Deterville*, 1829; 5 vol. in-8, cart., non rog., figures.

86. Règne animal de Cuvier, trad. en allemand par Voigt. *Leipsick*, 1831; 2 vol. in-8, rel. bas., fil.

87. The animal Kingdom (traduction du règne animal de Cuvier) par Griffith. 3 tomes grand in-8 en 2 vol., dont un de planches coloriées. d.-rel. v., à nerfs ébarbés. Manque le titre.

88. Familles naturelles du règne animal, par Latreille. *Paris*, 1825; in-8, d.-rel. v. à nerfs, n. rog.

89. Saggio di una distribuzione metodica degli animali vertebrati; di C.-L. Bonaparte. *Roma*, 1831; in-8, d.-rel. bas.

90. Principes de philosophie zoologique, par Geoffroy-Saint-Hilaire. 1830; in-8, rel. bas., fil.

91. Prodromus descriptionis animalium, ab. H. Mertensio, autore Brant. *Petropoli*, 1835; in-4, d.-rel. v.

92. The tower menagerie. *London*, 1829; 1 vol. in-8, papier vélin, figures dans le texte. d.-bas., non rog.

93. Darstellung neuer oder Wenig Bekanter saugethiere in Abbildungen, von H. Lichtenstein. *Berlin*, 1827; in-4 cartonné, figures coloriées.

94. Centurie zoologique, ou choix d'animaux rares, nouveaux ou imparfaitement connus, enrichi de planches inédites, dessinées d'après nature par M. Prêtre, gravées et coloriées. *Paris*, 1830; 2 vol, in-4, pap. vélin, dos et coins en veau, non rognés. Édition in.8 tirée sur papier in-4.

95. Le même. 1 vol. grand in-8 pap. vélin, figures coloriées, d.-rel. mar. r., non rog.

96. Illustrations de zoologie, ou recueil de figures d'animaux peints d'après nature, par Lesson. *Paris, A. Bertrand*, texte in-8, tiré sur pap. vélin in-4, avec doubles figures coloriées et n., pap. de Chine; 1 vol. in-4, dos et coins mar. rouge. Quelques piqûres de rousseur.

97. Zoological illustrations, or original figures and description of new, rare or interesting animals (oiseaux, mollusques et papillons), by W. Swainson. *London*, 1820-21; 3 vol. grand in-8, rel. bas., fil., figures coloriées.

98. Illustrations of Zoology, being représentation of new rare or remarkable subjects of the animal kingdom, draws and couloured after nature, by J. Wilson. *London*, 1831; 1 vol. in-fol.. pap. vélin, dos et coins en mar. vert, figures coloriées.

99. Planches de la zoologie du grand ouvrage sur l'Egypte; poissons, reptiles, etc. 3 vol. grand in-fol., d.-rel.

100. Recueil factice de figures relatives à la zoologie, en partie noires, en partie coloriées, avec des dessins originaux. *Mammifères*, 5 vol.; *Oiseaux*, 2 vol.; *Cétacés*, 1 vol., et *Zoophytes*, 1 vol. En tout, 10 vol. in-4, d.-rel.

Cette précieuse collection, formée par M. Lesson, se compose de figures tirées de différents ouvrages, avec des indications de sa main. La plupart des dessins, destinés à remplir des lacunes, ont été exécutés par lui.

101. Seba (Albertus). Locupletissimi rerum naturalium thesauri accurata descriptio. *Amstelodami*, 1734-65; 4 vol. gr. in-fol. de fig., dont un (l'entomologie et la conchyliologie) color.; rel. bas.

Bel exemplaire, mais où manque le texte explicatif.

102. Faune française, ou Histoire générale et particulière des animaux qui se trouvent en France, par Vieillot, Desmarest et de Blainville (*Paris, Plassan*). 3 vol. in-8 et atlas color., ce dernier n. rogn.; d.-rel. v. Il paraît manquer quelque chose dans les vol. du texte.

103. Catalogue de la Faune de l'Aube, par J. Ray. *Troyes*, 1843; in-12, bas.

104. Catalogue d'une Faune de la Charente-Inférieure, par Lesson (ext. des Actes de la Soc. linnéenne); in-8, d.-rel. bas., fig.

105. Faune de Maine-et-Loire, par P.-A. Meillet. *Paris et Angers*, 1828; 2 vol. in-8, fig., rel. bas. fil. *Avec une lettre d'envoi a. s. de l'auteur*, 2 p. in-4.

106. Faune Belge (1re partie : Mammifères, Oiseaux, Reptiles et Poissons), par Selys-Lonchamps. *Liége*, 1842; in-8, d.-rel. maroq., fig.

107. Fauna americana, being a description of the mammiferous animals inhabiting north America, by Rich. Arland. *Philadelphia*, 1825; in-8, cart., n. rog.

108. Fauna boreali Americana, or the zoology of the northern parts of British America (Oiseaux et Mammifères), by J. Richardson. *London*, 1829-31 ; 2 vol. in-4, le 1er, d.-rel. bas., fig. noires, et le 2e cart., fig. col.

109. Faune américaine boréale, trad. de l'angl., de Richardson, par Mlle L***. *Rochefort*, 1839; manuscrit d'environ 300 p.; 1 vol. in-4, dos et coins v. *Beau volume.*

110. Zoological researches in Java and the neighbouring islands, by Th. Horsfield. *London*, 1824; pap. vél., d.-rel. v. à nerfs, n. rog., fig. col. *Magnifique ouvrage.*

111. Neue Wirbelthiere zu der Fauna von Abyssinien Geörig, von Éd. Rüppell. *Frankfurt*, 1835-40; 1 vol. in-fol., pap. vélin rel. bas., fig. col. *Bel exemplaire.*

112. Atlas zu der Reise im nordlichen Afrika (Mammifères, Oiseaux, Reptiles, Poissons, Mollusques et Zoophytes), von Ed. Ruppell. *Frankfurt*, 1826-28; 5 vol. in-fol., d.-rel. vél. vert, n. rog., fig. color. *Bel ouvrage.*

113. Coup d'œil sur la Faune des îles de la Sonde et de l'empire du Japon, par Temminck (extrait du Musée des Pays-Bas, nov. 1835); joli manuscrit de 64 pages in-4, d.-rel. v.

114. Zoologischer Atlas enthaltend abbildungen und Beschreibungen neuer thierarten wahrend der flott capitains von Kotzebue, beobachtet von Escholtz. *Berlin*, 1833, in-fol., d.-rel. v., fig. color.

115. Catalogue raisonné des objets de zoologie recueillis dans un voyage au Caucase, par Menetriés. *Saint-Pétersbourg*, 1832; in-4, cart.

116. The zoology of the voyage of H. M. S. Beagle, under the command of captain Fitzroy, published by Ch. Darwing; part 11, Mammalia. *London*, 1839; 1 vol in-4, dos et coins mar. r., fig. color.

117. Descriptiones animalium, observavit J.-R. Forster, curante H. Lichteinstein. *Berolini*, 1844; in-8, rel. bas.

118. Expédition scientifique de Morée. Mammifères et Oiseaux, par Is. Geoffroy Saint-Hilaire. *Paris*, 1833; 1 vol. in-4, pap. vél., fig. color.. d.-rel. bas.

119. Descriptiones animalium, avium, amphibiorum, piscium, insectorum, vermium, quæ in itinere orientali observavit P. Forskal. *Hauniæ*, 1775; in-4, d.-rel. v. à nerfs.

120. Beitrage zur Zoologie von Meyen, 1833 (extrait d'un recueil); in-4, fig. color., d.-rel. mar.

121. Mémoire sur les animaux promenés ou tués dans les cirques, par Mongez (1828); copie, d'une belle écriture. 1 vol. in-4, d.-rel. v.

122. Animaux carnassiers. Recueil factice de 10 pièces sur cette matière, par Geoffroy Saint-Hilaire, Hunter, Thunberg, Péron, Bachmnann, Hodgson, etc.; in-4, fig. color., d.-rel. mar. vert.

123. Animaux carnassiers. Recueil factice de 5 pièces sur cette matière, par Gloger, Brandt, Reichenbach, Hodgson et Hardwiche; in-4, fig. color. et noires, d.-rel. bas.

124. Abrégé des Transactions philosophiques (Fossiles, Oiseaux, Insectes, Volcans), par Gibelin. *Paris*, 1787; 2 vol. in-8, rel. v., fig.

125. P. S. Pallas. Miscellanea zoologica. *Lugduni-Batavorum*, 1778 ; 1 vol. in-4, fig., dos et coins en v. n. rog.

126. Mémoires (4) sur la Zoologie, par Ch. Bonaparte. 1836; in-8, d.-rel. mar.

127. Memorie scientifiche di Paoli Savi. *Piza*, 1828 ; in-8, bas., fig.

128. Sur la valeur des mots *Espéce* et *Variété* en zoologie, par Bazin. — Note sur la variété de l'ours brun d'Europe, par le même. — Tableau des Mammifères de la Vienne, par Mauduyt. — Osservazoni sullo stato della Zoologia, in Europa, da Ch. L. Bonaparte, 1842. — Considérations sur les mœurs des serpents par Freminville, etc. 6 pièces en 1 vol. in-8, d.-rel. bas.

129. Proceedings of the committee of science and correspondance of the zoological Society of London, années de 1830 à 1847 inclusivement ; 17 vol. in-8, rel. percaline.

130. Annales générales des sciences physiques ; par Bory Saint-Vincent, Drapiez et Van Mons. *Bruxelles*, 1819-21; 8 vol. in-8, fig. n. et color., portraits, brochés.

131. Archives des sciences physiques et naturelles, par de la Rive, Marignac et Pictet, année 1846; 12 n^os, in-8, br.

132. Revue zoologique, par la Société cuviérienne, sous la direction de Guérin de Menneville, années 1838-46; 11 v. in-8, rel. bas.

133. The zoological journal, conducted by Th. Bell, J. George children and Sowerby, années 1825-30 ; 5 vol. in-8, d.-rel. v., à nerfs, n. rog., fig.

134. Magasin de Zoologie. *Paris, Lequien*, 1831-1844; 14 vol. in-8, fig. color., dos et coins en mar. r. n. rog. Bel exemplaire.

135. Notices sur les animaux nouveaux ou peu connus du Musée de Genève, par F.-J. Pictet (1re série : Mammifères). *Genève*, 1841; 2 fascicules in-4, d.-rel. et br., fig. color.

136. Verzeichniss der doubletten der zoologischen museums, von Lichtenstein. *Berlin*, 1823; in-4, bas., fil.

MAMMALOGIE.

137. Des dents des Mammifères, considérées comme caractères zoologiques, par Fréd. Cuvier. *Strasbourg*, 1825 ; 4 vol. in-8, fig., cart., n. rog.

138. Histoire naturelle des Mammifères avec des figures originales coloriées, dessinées d'après des animaux vivants, publié par Geoffroy Saint-Hilaire et Fréd. Cuvier. *Paris*, 1824 ; 4 vol. g. in-fol. dont un de fig., d.-rel. bas. n. rog.

139. Cours de l'histoire naturelle des Mammifères, par Geoffroy Saint-Hilaire. *Paris*, 1829 (cours de 1828) ; 1 vol. in-8, d.-rel. v. à nerfs, n. rogné.

140. Mœurs, instinct et singularité de la vie des animaux mammifères, par Lesson. *Paris*, 1842 ; in-12 d.-rel. mar.

141. Nouveau tableau du Règne animal, par Lesson (Mammifères). *Paris*, 1842 ; 1 vol. gr. in-8 interfolié, d.-rel. mar. Exemplaire de M. Lesson, couvert de notes de sa main.

142. Hist. des Mammifères, manuscrit de 265 pages ; 2 vol. in-4, br.

143. Mammalogie ou description des espèces de Mammifères, 1re et 2e partie, par Desmarest. *Paris, Agasse*, 1820-22 ; 2 vol. in-4, d.-rel. mar.

144. A general introduction to the natural history of mammiferous animals, by L. Martin and W. Harvey. *London*, 1841 ; gr. in-8, percaline, fig.

145. A natural history of the mammalia, by Waterhouse. *London*, 1846 ; 2 vol. gr. in-8, d.-rel. mar., fig.

146. Synopsis mammalium, von H. Schinz. *Colothurn*, 1844-5 ; 2 vol. in-8, d.-rel. mar.

147. Classification des Mammifères, par Duvernoy ; joli manuscrit de 69 pages in-4, dos et coins en v.

148. Synopsis Mammalium, auctore J.-B. Fischer. *Stuttgardtiæ*, 1829-1830 ; 1 gros vol. in-8, rel. bas.

149. Catalogue des Mammifères du Muséum d'hist. naturelle, par Geoffroy Saint-Hilaire ; in-8, d.-rel. v. à nerfs. Ouvrage inachevé, mais très-rare. En tête est une note a. s. de Lesson.

150. La Ménagerie du Muséum national d'histoire naturelle ou les animaux vivants peints d'après nature par le cit. Maréchal et gravés par Miger. *Paris*, 1801 ; 1 vol. gr. in-fol., fig., d.-rel. mar. r.

151. The Menageries (Quadrupèdes).| *London*, 1829 ; 2 vol. in-12, rel. bas., fil., fig. dans le texte.

152. List of the specimens of mammalia of the British Museum. *London*, 1843; in-12, d.-rel. bas.

153. Mammalium exoticorum vel minus rite cognitorum Musei academici zoologici descriptiones et icones, auctore J. Brandt. *Petropoli*, 1835; in-4, fig., rel. bas.

154. American natural history, by Goudman, t. 1ᵉʳ (Mammalogie). *Philadelphia*, 1826; in-8, rel. bas. fig.

155. Description des collections de Victor Jacquemont (Mammifères et Oiseaux), par Is. Geof. Saint-Hilaire. *Paris, Didot*, 1842-3; in-fol., pap. vél., rel., dos et coins mar. r., fig., color. *Rare*.

156. Essai sur l'hist. naturelle des Quadrupèdes du Paraguay, par d'Azara, trad. par Moreau] Saint-Méry. *Paris*, 1801. 2 vol. in-8, pap. vél., rel. bas., fil.

157. Naturhistorische Früchte der Ersten Kaiserlich-Russischen unter dem Kommando der herrn V. Krusenstern Glücklich Vollbrachten Erdumseeglung, gesammelt von Dr. Tilesius, Naturalisten der Expedition. *St-Petersburg*, 1813; 1 vol. in-4, fig. color., d.-rel. v. *Rare*.

158. Voyage autour du monde de la corvette la *Favorite*. Mammifères, par Eydoux et Gervais. 1837; in-8, dos et coins mar. r., fig. noires et coloriées.

159. Monographie de Mammologie, par C.-J. Temminck. *Leiden*, 1835 à 1841; 2 vol. in-4, fig., d.-rel. dos et coins mar., ébarbés.

160. Sur le genre cheval et spécialement sur l'hémione, par Isidore Geoffroy Saint-Hilaire, manuscrit de 32 pages in-4, fig., d.-rel. v.

161. Essai sur l'hist. naturelle de la Taupe, par de La Faille. *La Rochelle*, 1769; in-12, rel. v., fil., fig.

162. Etudes de Micromammologie, revue des Musaraignes, des Rats et des Campagnols, par E. de Selys-Longchamps. *Paris*, 1839; 1 vol. in-8, fig., rel. bas.

163. Mémoire pour servir à l'histoire du Tapir, par Roulin. *Paris*, 1835; in-4, d.-rel. dos et coins de v. bleu, à nerfs, fig. — Account of a new species of Tapir, by farquhar, 1816; in-4°, 1 fig.

164. Description des Mammifères nouveaux ou imparfaitement connus (Famille des Singes) : gr. in-4, fig. color·, d.-bas. (extrait d'un ouvrage). — Remarques sur les Singes américains, par Geoffroy Saint-Hilaire; in-4, fig. — Mémoire sur les Singes américains, par le même (extrait des archives du Muséum). *Paris*, 1844; in-4, fig. color. — Histoire naturelle des Orangs-Outans, par E. Geoffroy et Cuvier; in-8, fig. 4 pièces.

165. Mémoires sur divers Mammifères et sur un Squale, Manuscrit de 200 pages environ avec jolis dessins et grav.; 1 vol. in-4, dos et coins en v. à nerfs, n. rog.

166. Dissertatio zoologica inauguralis exhibens, enumerationem mammalium capensium, autore J. Smuts. *Lugd.-Batav.*, 1832; in-4, d -rel. v. à nerfs, fig.

167. De uro nostrate eiusque sceleto commentatio, scripsit et Bovis. Primigennii sceleto auxit Lud. hen. Bojanus, 1825; in-4, grandes fig., d.-rel.-mar. (Extrait d'un ouvrage.)

168. Species des Mammifères bimanes et quadrumanes, suivi d'un mémoire sur les oryctéropes, par Lesson. *Paris*, 1840; in-8, br.

169. Histoire naturelle des Orangs-Outangs, par E. Geoffroy et G. Cuvier. — Description of an hermaphrodite Orang-Outang, by Richard Harlan. — Monographie des chauves-souris. — Remarques sur les chauve-souris frugivores, sur les vespertellions du Brésil. Notices sur les macroscelides, par is. Geoffroy Saint-Hilaire. Observations sur le tigre et la panthère, par Ehrenberg. — Descrip. du phalanger, de Cook, par Lesson, 1 fig. col. — Description of the quadrupeds of the order of *Edentata*, by B. Harlan, fig. — Notices sur un squelette de baleinoptère, par Van-der Linden, 1828. — Revue de l'hist. de la licorne, par un naturaliste de Montpellier, 1818, etc.; in-8, rel. bas.

170. Brochures (27) in-4 et in-8, de divers auteurs français ou étrangers sur les mammifères; le tout réuni par M. Lesson, en 1 vol. in-4; br., fig. noires et color. *Recueil important*.

171. Huit mémoires sur les Mammifères, par divers auteurs français ou étrangers; in-4, fig., d.-mar.

172. Recueil de 104 mémoires sur les Mammifères, manuscrit d'une belle écriture; 1 vol. in-4, d.-rel., dos et coins de veau vert, à nerfs, fil.
Beau volume, contenant des pièces fort intéressantes.

173. Mémoires divers sur la Mammalogie, recueillis pour l'usage de M. Lesson. *Rochefort*, 1840-44; joli manuscrit de 261 p. 1 vol. in-4, d.-rel. mar.

174. Résumé des leçons de Geoffroy Saint-Hilaire sur la Mammalogie, 1835. — Description des Mammifères qui se trouvent en Egypte, par le même. — Catalogue of the mammalia preserved in the Museum of London. — Descriptive catalogue of a zoological collection in the island of Sumatra, 1820; in-4, d.-rel. v., etc. En tout 7 pièces in-8, rel. et br.

175. Collection des Animaux quadrupèdes de Buffon, formant 362 pl. d'animaux color. 2 vol. in-4, rel. v.

ORNITHOLOGIE.

176. Hist. de la nature des Oiseaux, par Belon. *Paris, Benoist*, 1555; in-fol., fig. dans le texte, rel. bas. *Manque le titre.*

177. Avium rariorum et minus cognitarum, a Blasio Merrem. *Lipsiæ*, 1786; in-fol., d.-rel. bas., pl. color.

178. Systema avium, autore J. Wagler. *Stuttgartiæ*, 1827; in-12, bas. fil.

179. The ornithologist's text-book, by Neville Woode. *London*, 1836; in-12, percaline.

180. Uccelli. Introduzione alla classe degli Mammiferi. 1841; in-fol., d.-rel. bas.

181. Traité d'Ornithologie, par R.-P. Lesson. *Paris, Levrault*, 1831; 2 vol. in-8, dont un de pl. color., rel. v. à nerfs ébarbés.

182. Traité d'Ornithologie, par Daudin. *Paris*, 1800; 2 vol. in-4, d.-rel. v., fig. noires.

183. Ornithologie, par Brisson. *Paris*, 1760; 6 vol. in-4, fig., d.-rel. bas.

184. Ornithologie, de l'Encyclopédie méthodique, par Bonnaterre et Vieillot. *Paris*, 1823; 3 vol. in-4, cart. n. rog., plus 1 vol. de pl., d.-rel. bas.

185. Manuel d'Ornithologie, par C.-J. Temminck. *Paris*, 1820; 4 vol. in-8, rel. bas., fil.

186. Manuel d'Ornithologie et d'Ornithologie domestique, par Lesson. *Paris, Roret*, 1828 et 1834; 3 v. in-18, d.-rel. v. à nerfs, n. rog.

187. Manuel de l'amateur des Oiseaux de volière, par Bechstein. *Paris*, 1829; in-8, rel. bas. fil. Quelques taches d'eau. — Manuel de l'amateur des Oiseaux de chambre, par La Couprière. *Paris*, 1829; 1 vol. in-18, fig. color., rel. bas., filets.

188. The architecture of birds and insect architecture. *London*, 1830-31; 2 vol. in-12, bas., fil., fig. dans le texte.

189. Caroli Illigeri, prodomus systematis Mammalium et avium. *Berolini*, 1821; in-8, rel. bas.

198. Observations on the nomenclature of Wilson's Ornithology, by Ch. Lucien Bonaparte. *Philadelphia*, 1826; 1 v. in-8, rel. bas., fil.

191. Collections d'Oiseaux, dessinés et gravés par Martinet; 1,008 pl. color.; 5 vol. gr. in-4, d.-rel. bas., n. rog.

192 Galerie des Oiseaux, par Vieillot et P. Oudard. *Paris*, 1825; 2 tom. en 1 vol. in-4, plus 1 gros vol. de pl. color., d.-rel. bas. La reliure du vol. de pl. est très-fatiguée.

193. Illustrations of Ornithology, by W. Jardine. *Edimburg*; 1825-39; 3 v. in-4, fig. color., dos et coins mar. chocolat, ébarbés, dorés en tête.

194. Nouveau recueil de planches coloriées d'Oiseaux, publié par Temminck et Meiffren Laugier de Chartrouse, d'après les dessins de Huet et Prêtre. *Paris, Levrault*, 1838; 5 vol. in-4, rel. bas.

195. Iconographie ornithologique, nouveau recueil de planches peintes d'oiseaux, publiée par des Murs. *Paris, Klinckzieck*, 1845-47; 10 livraisons in-4, en feuilles.

196. Les Trochilidées ou les Colibris et les Oiseaux mouches, par Lesson. *Paris, A. Bertrand*; 1 vol. gr. in-8, pap. vélin rose avec doubles fig. noires, tirées sur pap. rose et pap. de Chine, d.-rel. v. à nerfs, n. rog.

97. Le même. Papier vélin, fig. color., dos et coins v. rouge, n. rog.

198. Index général et synoptique des Oiseaux du genre *trochylus*, par Lesson. *Paris, A. Bertrand, 1832*; in-8; d.-rel. v.

Exemplaire interfolié, et couvert de notes autographes de l'auteur.

199. Histoire naturelle des Oiseaux-Mouches, par Lesson. *Paris, A. Bertrand*, gr. in-8, pap. vélin jaune, avec doubles fig., noires et color., d.-rel. v. à nerfs, n. rog.

200. Le même, papier vél., fig. color., rel. mar. r. gauff., tr. dor.

201. Histoire naturelle des Colibris, suivi d'un supplément à l'histoire naturelle des Oiseaux-Mouches, par Lesson, ouvrage orné de pl. color. *Paris, A. Bertrand;* 1 vol. gr. in-8, pap. vélin, d.-rel. v. à n., n. rog.

202. Histoire naturelle des Oiseaux de Paradis et des Epimarques, par Lesson. *Paris, A. Bertrand, 1835;* 1 vol. gr. in-8, rel. v. gauff., fil., tr. dor.

203. Le même, tiré sur pap. vélin, in-4, doubles fig. color. et noires, pap. de Chine, dos et coins mar. r.

204. Histoire naturelle des Perroquets, par Levaillant. *Paris, Levrault,* 1800; 2 vol. gr. in-4, gr. pap. vélin, fig. color., d.-rel. v., n. rog.

205. Histoire naturelle générale des Pigeons et des Gallinacées, par C.-J. Temminck. *Amsterdam, 1813;* 3 vol. in-8, rel. bas., fil., n. rog.

Exemplaire de Levaillant, avec des notes autographes de lui sur les marges du 2e volume.

206. Essai d'une division de l'ordre des Passereaux, en trois groupes principaux, par Lafresnaye (extrait du magasin de Zoologie), copie proprement exécutée ; in-4, d.-rel. v. à nerfs. — Esssai d'une nouv. manière de grouper les Passereaux, d'après leurs rapports de mœurs et d'habitation, par le même. *Falaise, 1838;* in-8, 2 fascicules.—Fragment d'un autre ouvrage sur le même sujet, in-fol.

207. Lettre au citoyen E. Geoffroy sur une nouvelle espèce de Loris, accompagnée de la description d'un craniomètre de nouvelle invention, par Fischer. *Mayence, 1804;* in-4, fig., br.

208. Mémoire sur le Guacaro de la caverne de Caripe, nouveau genre d'oiseaux nocturnes de la famille des passereaux, par de Humboldt, joli manuscrit de 76 p., avec dessins à la plume et color.; in-4, dos et coins en v., à nerfs.

209. Essai sur les Passereaux, par La Fresnaye, 3 pièces. — Index du genre Trochylus, par Lesson, 1832. — Histoire naturelle des Ibis, par Dumont. — Genre Tiranus, par Swainson. — Cygnus americanus, etc. En tout 7 pièces in-8, br. et cart.

210. Dissertations sur la place que la famille des Ornithorynques et des Echidnés doit occuper dans les sciences naturelles, thèse par Ducrotay de Blainville. *Paris*, 1812; in-4. — Fragment d'anatomie comparée sur les organes de la génération de l'Ornithorynque et de l'Echydné, par Duvernoy. 1830; in-4. — Sur l'identité de deux espèces nominales d'Ornithorynque, par Geoffroy Saint-Hilaire. 1826; in-8. Le tout réuni en 1 vol. in-4, fig., rel. bas.

211. Revue critique des oiseaux de l'Europe, par A. Schlegel (en allemand et en français). *Leyde*, 1844; 1 vol. gr. in-8. rel. bas. fil.

212. Catalogo metodico degli uccelli europei, di Carlo L. Bonaparte. *Bologne*, 1842; in-8, rel. bas.

213. Tableau des oiseaux observés dans le nord de la France, par Degland. *Lille*, 1831; in-8, bas.

214. Tableau méthodique des oiseaux observés jusqu'à présent dans le département de la Vienne, par Mauduyt. *Poitiers*, 1840; in-8, bas.

215. Essai sur l'hist. nat. des oiseaux du départ. des Deux-Sèvres, par Guillemeau; in-8, d.-rel. bas.

216. Faune ornithologique de la Sicile, par Alfred Malherbe. *Metz*, 1843; in-8, br. — Catalogue raisonné d'oiseaux de l'Algérie, et du rôle des oiseaux chez les anciens et les modernes, par le même. *Metz*, 1844 et 46; 2 broch. in-8.

217. Histoire nat. des oiseaux d'Afrique, par Levaillant. *Paris*, 1799-1808; 6 vol. in-fol., pap. vel., plus 3 vol. de pl. color., d.-rel. bas.

218. Système des oiseaux de l'Egypte et de la Syrie, par Savigny. *Paris, imp. Impér.*, 1810 ; in-fol. d.-v., avec atlas gr. in-fol., cart.

219. Histoire naturelle d'une partie d'oiseaux nouveaux et rares de l'Amérique et des Indes, par Levaillant, ouvrage destiné à faire partie de son *Ornithologie d'Afrique ; Paris, Dufour*, 1801 ; in-4, gr. pap. vel., avec 49 planches col. d.-rel. dos et coins mar. violet, n. rog.

   . 1er vol., et sans doute le seul paru.

220. A Manual of the ornithology of the united States and of Canada, by Th. Nuttall. *Cambridge et Boston*, 1832-34 ; 2 forts v. in-12, percaline, figures dans le texte.

221. The genera of north American birds, by C.-L. Bonaparte. *New-York*, 1828 ; in-8, rel. bas., fil.

222. A Selection of the birds of Brazil and Mexico, the drawings (figures coloriées) by W. Swainson ; *London*, 1841. gr. in-8, pap. vélin d.-rel., dos et coins mar. vert, t. d.

223. Oiseaux du Chili, en allemand, par Kittlitz, 1830 (extrait des mém. de l'Acad. des sc. de Saint-Pétersbourg) ; in-4, d.-rel. mar. n., figures coloriées.

224. Oiseaux de la Nouvelle-Hollande, par Vigors et Horsfield (extrait des mém. de la société Linnéenne). 1 vol. in-4, rel. v. à nerfs.

225. Histoire nat. des plus beaux oiseaux chanteurs de la zone torride, par L.-P. Vieillot. *Paris Dufour*, 1805 ; 1 vol. gr. in-fol. pap. vel., fig. color., d.-rel. v. r.

226. A list of the general of birds, With their Synonyma, by G. Gray. *London*, 1841, in-8, pap. vel. cart. avec notes manuscrites en marges. — List of the specimens of birds of the british Museum (partie 1 et 3). *London*, 1844 ; in-12, broch.

227. Catalogue descriptif des oiseaux nouveaux, rares ou peu connus, de la collection du docteur Abeillé, par Lesson ; manuscrit de 64 pages in-4, d.-rel. mar.

228. Catalogus avium, auctore Lesson. *Rochefort*, 1840-43 ; manuscrit de 1020 p. avec des corrections autographes de l'auteur ; 2 vol. in-4, dos et coins, mar. r.

229. Recueil de mémoires sur l'ornithologie, par divers auteurs, joli manuscrit, avec un dessin colorié; 1 v. in-4, dos et coins v. vert.

230. Considérations sur les caractères employés en ornithologie, par Is. Geoffroy Saint-Hilaire. — Notices of the ornithology of Nepal, By Hodgson, in-4. — Mémoire sur les Vispertillions, par le même. — Description des oiseaux de Java (texte anglais). — Catalogue des oiseaux du baron Laugier de Chartrouse. — Catalogue de la magnifique collection d'oiseaux du prince d'Essling, 1846. 13 pièces in-8 ou in-4, rel. ou br.

231. Joan Lathami Systema ornithologiæ, ed. nova Eligii Johanneau. *Parisiis*, 1809; in-12, rel. v., fil. — Système des oiseaux de l'Egypte et de la Syrie, par Savigny (extrait du grand ouvrage sur l'Égypte; in-8, rel. bas. — Recherches sur l'appareil sternal des oiseaux, par Lherminier. *Paris*, 1827, in-8, d.-rel. bas. planches, etc. En tout 4 vol.

AMPHIBIES & REPTILES.

232. Essai d'une classification naturelle des reptiles, par Alex. Brongniart. *Paris*; 1805, in-4, fig. d.-v.

233. Cétologie, ophiologie et Erpétologie, par l'abbé Bonnaterre (de l'Encyclopédie méthodique). *Paris*, 1789-1790, 3 vol. in-4, figures, d.-rel. v. Le volume de cétologie est taché.

234. Recherches anatomiques sur les reptiles, regardés encore comme douteux par les naturalistes, par F.-G. Cuvier. *Paris*, 1807; in-4, d.-rel. parchemin.

235. Hist. nat. des salamandres de France, par Latreille. *Paris*, 1800; in-8, d.-rel. bas., fig. col. — Observationes quaedam de salamandris et tritonibus auctore, C.-Th. de Siebold. *Berolini*, 1828; in-4, fig. etc. En tout 3 pièces.

236. Herpétologie de la Vienne, par Mauduyt, 1844. — Considérations sur les reptiles vivants et fossiles, par Gervais. 1848. — Synopsis reptilium by J.-Ed. Gray. *London*, 1831; fig. 4 pièces, in-8, cart. et broch.

237. Hist. nat. des serpents de la Suisse, par **J.-F. Wyder.** *Lausanne*, 1823; in-8, fig. color., rel. bas.

238. Versuch eines systems der amphibien, von Bl. Merrem ; *Marburg* 1820, in-8, d.-rel. v. à nerfs.

239. Specimen anatomico-zoologicum de Phocis, speciatim de Phoca vitulina, auctore, vrorlik *Traj.-ad-Rhenum*, 1822; in-8, bas., fig.

240. Joannis Davidis Schoepff Historia Testudinum iconibus illustrata. *Erlangae*, 1792; 1 vol in-4, figures, cart. n.-rog.

241. Des crocodiles d'Egypte, par Geoffroy Saint-Hilaire, *Paris*, 1828; in-8, rel. bas., fil.
Avec un billet d'envoi **A. S.** de l'auteur.

POISSONS, CÉTACÉS & CRUSTACÉS.

242. L'Histoire entière des Poissons, composée en latin par Rondelet, traduite en françois. *A Lyon*, 1558 ; 1 vol. in-4, fig. dans le texte. Quelques mouillures.

243. Ichthyologie, par l'abbé Bonnaterre, (de l'Encyclopédie méthodique). *Paris*, 1788 ; 1 vol. in-4, fig., d.-rel. bas.

244. Histoire naturelle des Poissons, par Cuvier et Valenciennes. *Paris, Levrault*, 1828-1844 ; tom. 1 à 17 in-8, br. fig. noires.

245. Histoire des Poissons, par Lacépède, les planches seulemênt, rel. en 1 vol. in-8, bas.
En tête est une note a. s. de Lesson, où il est dit que ces planches lui ont servi dans le voyage autour du monde, de *la Coquille*, que M. Quoy les avait d'abord emportées dans l'expédition de *l'Uranie*, sous M. de Freycinet, et que le docteur Gaymard en a également fait usage dans le voyage autour du monde de *l'Astrolabe*, sous MM. Duperrey et Dumont-D'Urville. Ce volume a ainsi parcouru 75,000 lieues marines.

246. Beschreibung und abbildung mehrerer neuer fische, im Nil entdeckt, von Ed. Ruppell. *Frankfurt*, 1829 ; in-fol., d.-rel. bas., fig.

247. Analyse des leçons de Blainville sur les poissons et les mollusques, in-8. — Observations sur la vessie aérienne des poissons, par Delaroche, in-4. — Monographie du genre des phoques, par Desmarets. 1818 ; in-8. — Recherches sur un appareil qui se trouve sur les poissons du genre des raies, thèse par Ch. Robin. 1847 ; fig. — Notice sur l'habitation des animaux marins, par Péron et Lesueur.

in-4. — Note sur les moyens d'empêcher la corruption dans les bocaux où l'on conserve des animaux aquatiques vivants, par Desmoulins ; in-8, fig. color., etc. ; 19 pièces in-8 et in-4, rel. et cart.

248. Reptiles et poissons d'Egypte, par Geoffroy Saint-Hilaire. *Paris*, 1828; in-8, cart. Bradel, n. rogn.

249. Observations de Hunter sur des cétacés (texte anglais) ; in-4, fig., d.-rel. v.

250. Histoire naturelle des animaux rares découverts depuis la mort de Buffon (Cétacés), par Lesson. *Paris*, 1828 ; 1 vol. in-4, fig., d.-rel v. à nerfs, n. rogné.

251. Détails descriptifs sur un rorqual échoué sur la côte de l'île d'Oléron, en 1827 ; joli manuscrit de 28 feuillets in-4, avec dessins, d.-rel. v.

252. Observations to determine the dentition of the Dugong, by Robert Knox, 1831 ; fig.—Ecrit de Ruppell, en allemand, sur le même sujet ; fig. — Écrits de Brand sur le Rityna stelleri, et de Rapp sur le trichechus ; fig., 4 pièces in-4. d.-rel. mar. bleu.

253. Considérations générales sur la classe des crustacés, par Desmarets. *Paris*, 1825 ; gr. in-8, cart., ébarbé, fig. color.

254. Histoire naturelle des crustacés, des arachnides et des miryapodes, par Lucas. *Paris*, 1840 ; in-8, rel. bas., 46 planches.

ENTOMOLOGIE.

254 *bis*. Mémoires sur les animaux sans vertèbres, par J.-C. Savigny, 2ᵉ partie, contenant les mollusques, etc. *Paris*, 1816 ; in-8, d.-rel. mar. r., à nerfs, n. rogn., fig. noires et color.

255. Histoire naturelle des animaux sans vertèbres, par de Lamarck. *Paris, Baillière*, 1835 ; 11 vol. in-8, br., le 8ᵉ vol. un peu fatigué.

256. Icones historisques des Lépidoptères nouveaux ou peu connus. Collection avec fig. color. des Papillons d'Europe nouvellement découverts, par Boisduval. *Paris*, 1832 ; 2 vol gr. in-8, d.-rel. mar. r. Le texte du 2ᵉ vol. s'arrête à la p. 128.

257. Mémoire sur les Termites observés à Rochefort, par

Bobe Moreau, et copie d'un autre mémoire sur le même sujet ; in-8, rel. bas , fig.

258. Mémoire sur les Termès, ou fourmis blanches, par Rigaud. *Paris*, 1786 ; in-8, d -rel. v., fig. color.

259. Histoire des insectes nuisibles à la vigne, et particulièrement de la pyrale, par V. Audoin. *Paris*, 1842 ; in-4, d.-rel.. dos et coins mar., fig. color. *Très-beau volume.*

260. Mémoires sur les insectes, la géographie ancienne et la chronologie, par Latreille. *Paris*, 1819 ; in-8, rel. bas., fil.

261. Museum Leskeanum, pars entomologica, cura Zschachii. *Lipsiæ*, 1788 ; in-8, fig. color. — Catalogue d'objets d'histoire naturelle, consistant en papillons de nuit et de jour, escarbots et autres insectes, de J. Raye. 1827. — Species et iconographie générique des animaux articulés, par Guérin Menneville, 3e livr. in-8, fig., br. — Re herches sur les annélides à branches, par Dugès. — Dissertation sur le ver intestinal, par Ch. Sultzer. 1801 ; in-4, fig. color. — Observations sur les vers de mer qui percent les vaisseaux, par Rousset. 1733 ; fig. — Essai d'une classification des animaux microscopiques, par Bory de Saint-Vincent. 1826, etc. ; 13 pièces in-8 et in-4, cart. et br.

MOLLUSQUES.

262. Histoire générale et particulière des mollusques, par Montfort et F. de Roissy ; ans x et xiii ; 6 vol in-8, d.-rel. bas., fig.

263. Manuel de Malacologie et de Conchyliologie, par Ducrotay de Blainville. *Paris, Levrault*, 1825 ; 2 vol. in-8, dont 1 de pl. color., cart. n. rogn.

264. Tableaux systématiques des animaux mollusques, classés en familles naturelles, par le baron de Férussac. *Paris et Londres*, 1821 ; 1 vol. gr. in 4, dos et coins mar. vert.

265. Synopsis Methodica Molluscorum generum omnium et specierum earum quæ in Museo Menkeano adversantur ; auctore C.-Th. Menke. *Pyrmonti*, 1830 ; in-8, d.-rel., v. à nerfs.

266. Mollusques vivants et fossiles, par Alcide d'Orbigny. *Paris*, 1845 ; les 6 premières livraisons, in-8, figures noires et coloriées.

257. Recueil de coquilles décrites par Lamark dans son Histoire naturelle des animaux sans vertèbres et non encore fi-
gurées. Publié par M. Benj. Delessert. *Paris*, 1841; 1 vol.
grand in-fol., pap. vélin, figures coloriées, cart. Bradel.

258. Exotic conchology, or figures and description of rare
beautiful, or undescribed shells, by W. Swainson. *London*,
1841; in-fol., dos et coins mar. vert, tr. dor., figures col.
Superbe volume.

259. Histoire naturelle du Sénégal, coquillages, par Adan-
son. *Paris*, 1757; 1 vol. in-4, figures, rel. v.

270. Tableau méthodique des céphalopodes, par A. d'Orbigny. 1826; in-8, d.-rel. v., à nerfs, figures.

271. Histoire naturelle des aplysiens, première famille de
l'ordre des tectibranches, par Sander Rang *Paris, Didot,*
1828; 1 vol. in-fol., figures coloriées, d.-rel. v.

272. A Catalogue of the shells contained in the collection of
the Late Ear of Tankerville, by G.-B. Sowerby. *London,*
1825; in-4, pap. vélin, figures coloriées, d.-v., non rog.

273. A Catalogue of the shells, arranged according to the
Lamarkian system, together with descriptions of new or
rare species contained in the collection of John C. Jay.
New-York, 1839; in-4, figures coloriées, rel. percaline.

274. Tableau des mollusques du département de la Vienne,
par Mauduyt. *Poitiers*, 1839; in-12, fig., rel bas. — Notice
sur quelques coquilles de la famille des Amonidées, par
Baugier et Sauzé, 1843. Figures. — Catalogue des mollusques observées dans l'Afrique française, par Terver. *Lyon,*
1839; figures — Mémoire sur l'astérie rouge, par Spix.
In-4; fig. — Mollusca Acephala Nuda, auctore Chamisso.
Berolini, 1819; in-4, une figure coloriée. — Mémoires sur
le Botrylle étoilé, sur les pyrosomes et sur quelques nouvelles espèces d'animaux mollusques et radiaires, par Lesueur. In-4, figures, etc. 10 pièces in-8 et in-4, br. et cartonnés.

275. Tableau des mollusques terrestres et d'eau douce de
l'Agenais. 1849; figures coloriées. — Catalogue des mollusques de la Gironde. 1839. — Monographie du genre tes-
tacelle. 1856; figures. — Description des coquilles terres-

tres et fluviatiles, recueillies à la Nouvelle-Calédonie. Fig.
col. par Gassies, 4 p. in-8, br.

276. Description des coquilles terrestres, par Rang. In-8,
figures coloriées. — Divers écrits sur la conchyliogie,
par Desmoulins et autres. — Troost on the Pyroxène. Figures coloriées. — New, species of Calytrœidae. In 4, fig.
coloriées. — Des progrès de la malacologie en France, par
Gassies. 1858. — Essai sur le Bulime tronqué, par le même.
1847; figures, etc. 9 pièces in-8 et une in-4 br. et car-
tonnées.

RAYONNÉS.

277. The natural history of animalcules, containing descriptions of all the know species of infusoria, by Andrew Prit-
chard. *London*, 1834; in-8, fig. cart.

278. Helmintologie, par Bruguière (faisant partie de l'Encyclopédie méthodique). *Paris, Panckoucke*, 1791; in-4,
d.-rel. bas., nombreuses figures.

279. Memorie sulla storia e anatomia degli animali senza
vertebre del regno di Napoli, di Stefano delle Chiaji. *Napoli*,
1823; 4 vol. in-4, figures, d.-rel. v., à nerfs.

280. Histoire générale des Méduses, par Péron et Lesueur.
In-4; figures, d.-bas. Manque l'atlas.

281. Prodrome d'une monographie des Méduses, par Lesson. *Rochefort*, 1837; in-4, d.-rel. bas. Ouvrage autographié.

282. Ausfürliche Beschreibung der von C. H. Mertens auf
seiner Weltumsegelung Beobachteten Schirmquallen nebst
Allgemeinen Bemerkungen über die Schirmquallen über-
haupt; Von Dr. J.-F. Brandt. *Saint-Petersburg*, 1838; 1 vol.
in-4, orné de 34 lithographies coloriées et noires, d.-rel.
bas. *Rare*.

283. Prodrome d'une monographie des radiaires ou Échino-
dermes, par Louis Agassiz, D.-M; joli manuscrit in-4, dos
et coins en v. à nerfs.

284. Premier et second mémoires sur les Echinides, par
Charles des Moulins, 1835 (extraits des Mémoires de la Société linnéenne de Bordeaux); 1 vol. in-8, rel. bas., fil.

285. Monographie de la famille des Hirudinées, par Alf. Maquin-Tandon. *Paris*, 1827; in-4, fig., d.-rel. v. à nerfs.

286. Specimen Zoophytologiæ diluvianæ, auctore J. Michelotti. *Aug. Torinorum*, edid. *hæredes Seb. Botta*; in-8, fig., rel. bas , fil.

287. Manuel d'Actinologie ou de Zoophytologie, par H. D. de Blainville. *Paris*, 1834; 2 vol. in-8, dont un de pl. color., rel. bas., fil.

288. Mémoires divers sur les Zoophytes, Vers et Annelides, 1840; joli manuscrit d'environ 200 pages, avec fig. et dessins; 1 vol. in 4, d.-rel. mar.

289. Hist. naturelle des Zoophytes, Acalephes, par Lesson. *Paris*, 1843; in-8, rel. bas., fig. color.

290. Atlas inédit de l'ouvrage précédent, composé en grande partie de dessins originaux et coloriés, dont plusieurs sont de la main de M. Lesson.

Ce précieux atlas a été préparé par l'auteur pour être publié. Les planches, d'un dessin délicat et d'un éclatant coloris, offrent le plus grand nombre de spécimens qui aient jamais été réunis sur le sujet intéressant des Acalephes.

291. Nomina systematica, generum Acalepharum, auctore E. Agassiz; in-4. —Observations zoologiques faites à bord de l'*Astrolabe* (rayonnés), par Quoy et Gaymard. — Description d'un nouveau genre de la classe des Acalèphes, par Rang; in-8, fig. color., d.-rel. v.

292. System der Acalephen, von Fr. Eschscholtz. *Berlin*, 1829; in-4, d.-rel., fig.

293. Polypernes, Acalephernes, Radixternes, etc., af Sars. *Bergen*, 1835; pet. in-4, rel. bas., fig.

294. Histoire des Polypiers Coralligènes flexibles, vulgairement nommés Zoophytes, par Lamouroux. *Caen*, 1816; 1 vol. in 8, fig., d.-rel. bas.

295. Weber die Polypen im Allgemeinen und die actinien insbesondere, von W. Rapp. *Weimar*, 1829; in-4, cart., fig. color.

296. Essai sur l'histoire naturelle des Corallines et d'autres productions marines du même genre qu'on trouve communément sur les côtes de la Grande-Bretagne et d'Irlande, par J. Ellis. *La Haye*, 1756; d.-rel. bas n. rog., pl.

AGRICULTURE.

297. Uber die Grosse seeblasen im Allgemein, von J. Fr. M.
V. Olfers. *Berlin*, 1832; in-4, fig , d.-rel. bas.

298. Cours complet d'Agriculture, ou nouveau Dictionnaire
d'Agriculture, publié sous la direction de M. L. Vivien.
Paris, Pourrat, 1840; 18 vol. gr. in-8, fig. noires, rel. bas.

299. Cours d'Agriculture, par Raspail. *Paris*, 1838; 3 part.
en 1 vol. in-18, rel. bas., fil., pl.

300. Manuel complet du Jardinage, par Noisette, 1829; 1 gros
vol. in-8, fig. rel. percal., n. rog.

301. Essai sur l'Agriculture, dans ses rapports avec les
hommes, les temps et les lieux, les religions, les mœurs,
les sciences et les arts, par Berthevin. *Paris*, 1835 ; in-8,
d.-rel. bas.

302. Traité des arbres et arbustes que l'on cultive en France
en pleine terre, par Duhamel. *Paris, Didot ;* 7 vol. in-fol.,
fig. noires, cart., ébarbés.

303. Histoire de la Soie, considérée sous tous ses rapports
depuis sa découverte jusqu'à nos jours, par Lesson. *Rochefort*, 1846; in-8, cart. avec une lettre de remerciements de
M. Bonafous sur l'envoi de cet ouvrage; 2 pages et d. in-8.

304. Yo-san-fi-rok. L'art d'élever les vers à soie au Japon,
par Ouckaki-Morikouni, annoté et publié par Math. Bonafous. *Paris et Turin*, 1848 ; 1 vol. in-4, pap. vél., fig., cart.

305. Jobi Basteri opuscula subseciva observationes miscella-
neas de Animalculis et Plantis. *Harlemi*, 1762; 2 t. en
1 vol in-4, fig. color., cart., n. rog.

---

306. Mémoires concernant l'île d'Oleron, par messire Marc-
Antoine Lebreton, chevalier, seigneur baron de Bonnemie
colonel-général des milices de l'île d'Oleron. — Abrégé
historique de l'établissement du calvinisme en l'île d'Oleron, et de la destruction des églises, par le même. — Frag-
ments particuliers ajoutés aux Mémoires de Lebreton, par
Meaume père, receveur des domaines du roi. Copie de
de 3 ouvrages fort rares, 69 pages in-4, dos et coins de
v. bleu. *Délicieux manuscrit.*

307. Notice sur un bois de cerf fossile découvert en 1837
dans la paroisse de Rosne, à Rochefort (Charente-Inférieure), par Lesson, manuscrit inédit de 16 pages in-4,
avec 3 dessins originaux et une lithographie, d.-rel. v. bleu.

RENOU et MAULDE, imprimeurs de la Compagnie des Commissaires-Priseurs,
114, rue de Rivoli.   9634